# 万物有化学

## 走进元素世界
ZOUJIN YUANSU SHIJIE

胡杨　刘圆圆　吴丹　王凯　著

接力出版社
Publishing House

**图书在版编目（CIP）数据**

走进元素世界 / 胡杨等著 . —南宁：接力出版社，2021.9
（万物有化学）
ISBN 978–7–5448–7271–3

Ⅰ.①走⋯　Ⅱ.①胡⋯　Ⅲ.①化学元素－少儿读物
Ⅳ.①O611–49

中国版本图书馆 CIP 数据核字（2021）第 126721 号

**万物有化学**
走进元素世界

责任编辑：申立超　马　婕　　装帧设计：许继云　　美术编辑：许继云　周才琳
责任校对：杜伟娜　　责任监印：刘　冬
社长：黄　俭　　总编辑：白　冰
出版发行：接力出版社　　社址：广西南宁市园湖南路9号　　邮编：530022
电话：010 - 65546561（发行部）　　传真：010 - 65545210（发行部）
http://www.jielibj.com　　E - mail:jieli@jielibook.com
经销：新华书店　　印制：北京顶佳世纪印刷有限公司
开本：710毫米×1000毫米　1/16　　印张：6.75　　字数：80千字
版次：2021年9月第1版　　印次：2021年9月第1次印刷
印数：00 001—10 000册　　定价：45.00元

孩子是一个家庭、一个民族的未来和希望。中国的未来需要大批年轻人从事科技创新的工作，需要年轻人怀揣科技报国的志向，并为此奋斗一生。

作为一位教育工作者，我一直很关注化学科普工作。一个孩子长大后能否对世界产生探索的欲望，很大程度上取决于在他小时候是否对这个世界产生浓厚的兴趣，小时候的一个想法或疑问往往会成为他一辈子追求探索的动力。兴趣是最好的老师：兴趣会开启希望之门和智慧之门，兴趣也会开启成功之门。

世界是由物质组成的，而化学本身就是研究物质的组成、结构、性质、变化规律以及创造新物质的科学，是人类认识世界和改造世界的主要方法和手段之一。化学离我们的生活很近，是最容易在生活中找到切入点向孩子展示物质世界奥秘的学科。因此，从化学入手，最容易启发孩子对科学的兴趣。

"万物有化学"丛书是一套引导孩子进入科学世界的优秀启蒙读物。本丛书从解释基础化学概念和化学理论入手，让孩子对化学学科有一个框架性的认识，然后通过重点介绍化学在生命、艺术、科技和军事四个领域的应用，让孩子们明白，生活中的方方面面都与化学有着千丝万缕的联系。此外，本丛书还涉及了化学与其他学科的很多交叉内容。通过阅读本套书，孩子们不仅可以对化学产生浓厚的兴趣，也会激发他们对整个科学世界的好奇心和求知欲。

配图的精致和严谨是这套丛书的另一个亮点。这种图文并茂的方式不仅极大地提升了读物的趣味性和亲和力，而且可以使书中的内容得到更好的展现，更适合孩子阅读。

科普事业关乎国家下一代的培养，功在当代，利在千秋。我愿意将这样一套优秀的科普作品推荐给广大的孩子。

阚成友
清华大学化学工程系教授
2021年6月21日

在少年儿童的科普读物中，有关化学的较少。"万物有化学"系列丛书，可以说是国内原创的第一套从化学的视角来解释现象、本质的图书，很值得孩子一读。

"万物有化学"丛书通过讲述化学元素本身的发现发展，以及化学元素在我国各高新技术领域的应用，带领少年儿童读者认识事物的本质发展和变化，展示了中国在生命科学、艺术工艺、工程技术、军事武器等诸多领域领先于世界的技术水平，让孩子感受前沿科技以及传统文化背后所蕴藏的科技原理，对于整体提升青少年科学探究精神、培养青少年科学思维方法具有深远的教育意义。

这套书插入了非常多的元素卡通形象，内容非常贴近孩子的生活，趣味性强。除此之外，这套书难能可贵的一点是，在无形中纳入了非常多的前沿创新科技内容，让孩子看到这些知识的时候，能够潜移默化地提高科学素养和爱国主义情怀。

举个例子。2018年，《nature》发表了一篇中国留学生曹原关于石墨烯超导材料的研究论文，这项研究成果被《nature》列为十大科技进展第一名。这是由中国留学生开创的一个新的研究领域——魔角超导材料，此后有关石墨烯的研究热度长时间居高不下。这些非常前沿的知识，在本套书中竟都有涉猎。

另外，光子晶体、形状记忆材料等高科技材料，3D打印、人造血液、骨移植等先进制造业新成果和生命健康相关领域，甚至包括当今的"卡脖子"项目——芯片半导体，在本套书中也进行了详细解说，这些都是近些年来非常前沿的、体现"国之重器"的重要科技创新成果。

化学是距离孩子非常近的学科，以化学来给孩子做科学启蒙，是非常好的选择，希望孩子们从这套书开始，热爱化学，热爱科学。

张立群
北京化工大学副校长
2021年7月19日

化学，作为基础科学之一，渗透到社会生活和科技创新的方方面面——生命健康、人工智能、生物科学、基础材料、集成电路……无一个领域没有化学。而化学恰恰也是距离孩子非常近的科学，从人体本身，到衣食住行，都离不开化学。所以，化学是给孩子做科学启蒙，并逐步帮他们建立科学兴趣、探索意识，树立科学价值观的重要起点。

作为一名一直以来从事教育的工作者来说，我一直都很关注给青少年的化学普及。从国家层面上来说，2017年课程改革，将科学列为小学生必修科目，化学等科学知识相应进入小学课堂，通过结合生活实际，培养孩子的科学探究、创新和思考动手能力成为素质教育的重点。但是同时存在的问题是，化学教育并没有形成一个普遍的认知。孩子喜欢化学实验，却往往忽视实验现象背后的化学原理，以及化学原理与生活、科技等方面的联系。导致这一现象形成的原因是，孩子们需要了解并认知的是一个看不见的世界，涉及的是想象、演绎、推理的过程。

"万物有化学"系列图书将化学教育普及得非常好，它弥补了市场上的这一空白。这套书用孩子喜欢的语言，从孩子熟悉的角度来解释万物的原理，这其中包括基础理论、前沿科技、中国传统文化等，这是非常难能可贵的。

这套书，我强烈推荐给所有的少年儿童，这是一套宝藏书，是可以开启孩子探索万物本质的求知欲，培养孩子科学思维的优秀科普读物。

崔春植
延边大学化学系教授
2021年7月13日

这是基础，更是引领

宇宙中已知的118种元素，都是自然形成的吗？原子是一个微缩版的太阳系？太阳最终会变成一颗钻石？元素周期律竟不是门捷列夫最早发现的？小小的原子、分子是如何排列组合形成千变万化的物质的呢？

本书是"万物有化学"系列丛书的第一册，是全套书的基础，更是引领。

想要用化学的视角去认识世界，我们就要首先明白到底什么是化学，化学在整个科学系统中的位置是怎么样的，化学与其他学科的边界在哪里。明白了化学的内涵，我们才可以进入化学的世界，了解化学知识，进而利用化学认知世界。

如果把化学比喻成一栋大楼，那么化学元素就是盖起大楼的一块块砖头，而所有的化学理论则是将砖头黏结起来的水泥。本书从元素的诞生、命名讲起，延伸到原子、分子的结构特征、元素周期律的发展、物理与化学反应的区别、物质的构成模式等化学理论，将化学基础知识与有趣的故事、漫画串联起来，让孩子轻松游走于小学科学和中学化学课堂，初步感受化学知识的博大，建立基本的化学知识框架，从而对万物产生浓厚的兴趣。

# 目　录

/045

电子的
排列游戏

元素的化学性质呈
周期性变化，是因为外
围电子的排布呈周期
性变化。

4

5

/057

元素周期表中
沉默的
"非主流"

有的元素化学性质
活泼，有的懒惰，这取
决于它核外价电子的数
量。但是，活泼与懒惰
并不绝对！

/073

宏观物质是
微观粒子的
堆叠

物质的形成模式错综复
杂，不同形成模式的根本
区别在于基本粒子之间相
互作用模式的不同，如原
子和原子之间、分子与分
子之间、离子与离子之间。

6

7

/089

为什么要从
化学的视角
认识世界？

在科学的广大范畴中，
化学和数学、物理、生物，
甚至是社会学相互交融，促
进着人类发展。化学会让我
们拥有一双甄别"伪科学"
的火眼金睛。

# 1

# 恒星，
# 宇宙的元素工厂

《道德经》云："一生二，二生三，三生万物。"那宇宙中的元素是怎么来的呢？

# 单调的宇宙

宇宙浩瀚无际，没有人知道宇宙到底有多大。人类能够观测到的宇宙就达到了138亿光年，看似平静的宇宙实际却是在高速地运转，大家可能会好奇，宇宙的运转到底有多快呢？

当然，宇宙的演化不光是天体间的相互运动这么简单，更重要的是物质的演化。宇宙在形成之初，物质的组成极其简单，甚至是单调，绝大部分是氢元素，还有少量的氦

火箭
36000 km/h

地球
公转速度
108000 km/h

高铁
350 km/h

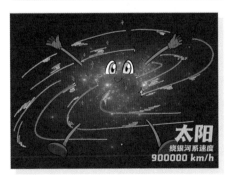

太阳
绕银河系速度
900000 km/h

元素，也就是元素周期表中的第一号和第二号元素。

氢元素是宇宙中最简单的元素，原子核内只包含1个质子，原子核外只有1个电子。别小看这个最简单的氢元素，宇宙中的一切元素、物质甚至是生命，都是由这个最简单的元素逐渐组合创造出来的。

电子

质子

可别小看我，
我可不简单！
因为我是大名鼎鼎的
氢元素。

**氢元素**

**趣味问答**

**你知道质子、电子，分别是什么吗？**

质子：一种带正电荷的粒子，元素的种类是质子数量决定的。

电子：最早发现的一种负电荷粒子，电量的最小单元。

万物有化学

# 元素的制造工厂

既然宇宙形成之初元素种类如此单一，那么整个元素大家庭的成员是如何被制造出来的呢？

想要将氢元素相互组合生成更多更丰富的元素，就需要一个制造工厂，这个工厂就是恒星，元素的生产过程就是恒星中发生的剧烈"燃烧"反应——核聚变。

但是，我们的太阳在完成氦聚变之后，由于自身质量不够大，不能够引发更重元素的聚变，因此无法完成生产所有元素的任务。太阳最终会因为氦聚变的停止而逐渐熄灭形成白矮星。

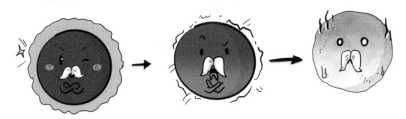

但对于质量是太阳质量8倍以上的大恒星而言，核聚变反应就可以一直进行到26号铁元素。但是铁元素的原子核极其稳定，铁元素往后的核聚变反应会从放热反应反转成为吸热反应，所以自发的核聚变就会在进行到铁元素时戛然而止。

我是8倍以上太阳质量的大恒星，我只能自发核聚变到**铁元素Fe**。

也就是说，铁以及铁之前的元素是通过自发的核聚变反应不断形成的，而铁以后的元素便不能通过自发核聚变形成了。此时，随着核聚变的戛然而止，这颗大恒星就会瞬间坍塌爆炸，也就是超新星爆发。

超新星爆发的过程中，恒星内部温度压力急剧升高，这就给铁元素提供了足够甚至远远过剩的能量，从而诱发铁元素进一步聚变，并最终形成铁元素之后的所有元素。

**超新星爆发促使核聚变继续进行，就可以产生铁元素之后的所有元素了！**

  万物有化学

目前，人类在自然界中发现的天然存在的最重的元素是94号钚元素，并通过人工合成的方法一直制备到了118号鿫元素。越重的元素越不稳定，很快就会衰变成较轻的元素，所以宇宙中能够通过超新星爆发生成的最重元素到底是多少号元素，现在人类还不得而知。

科学家们通过建立模型和理论计算，预测了宇宙元素的三个终点，分别是126号元素、137号元素和172号元素。当然，到底哪个对，就要靠科学家们进一步的研究和探索了。

# 太阳的"华丽"结局

前面讲到，太阳由于自身质量不够大，只能进行大约90亿年的氢聚变和10亿年的氦聚变，随后由于不能引发更重元素的聚变而熄灭，成为白矮星。

那这颗白矮星是什么样子呢？

太阳完成氦聚变后会变成一个由碳元素和少量氧元素组成的白矮星，同时渐渐冷却。

这些从高温、高压环境中冷却下来的碳元素将逐渐结晶为致密的晶体结构，而碳元素形成的最致密结构，是石墨烯的微观结构，还是金刚石的微观结构呢？

没错，就是金刚石微观结构！太阳在完成氦聚变之后，最终很有可能会形成一颗巨大的钻石星球！

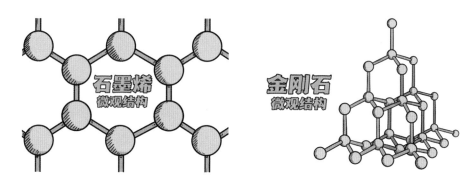

这个推断已经得到了间接证实，天文学家在距离地球约50光年，位于靠近南十字座的半人马座中发现了一颗比太阳略大的白矮星——BPM37093，这颗星球就是一颗巨大的钻石星球。

这颗"钻石"也成了银河系中最大的钻石，直径超过3000公里，重量达到2000亿亿亿吨。而太阳和它质量相近，或许在约50亿年后，太阳熄灭形成白矮星时，也会形成另一颗大钻石，这可能就是太阳的"华丽"结局。

如果我们翻开元素周期表去看一看已经填满的118种元素的名称，就会发现，表示元素名称的汉字几乎都是新造的汉字，这些字被称为化学用字，这些生僻的汉字是汉语言中非常重要的组成部分，丰富了汉字的构成，也让汉字这种古老的语言文字不断与时俱进，跟随潮流向前发展。

但我们去了解这些元素名称的发音时，也会发现，绝大多数元素的中文读音是英文名称的音译，这说明什么问题呢？说明中国没有对这些元素命名的权利。归根到底，就是因为世界科学界认为这118种元素中没有任何一个是

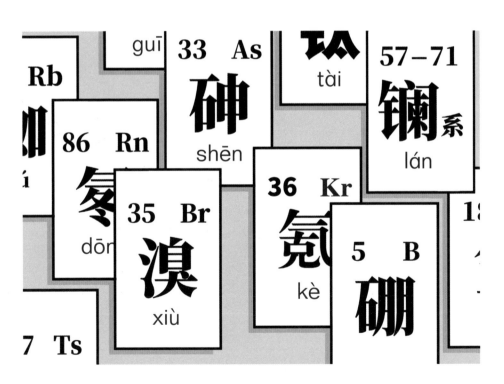

由中国人发现的。难道，事实真的是这样吗？

让我们把目光聚焦到33号砷元素。

砷元素现西方认可的发现过程是：在1250年前后，由德国炼金术师马格努斯用肥皂与雌黄共煮制得，被认为是人类发现的第11种元素。

但其实早在4世纪前半叶，我国东晋时期的炼丹术士葛洪就在他的著作《抱朴子》中记录了提取砷的方法，只是古时候我们把它称为"砒"，就是砒霜的砒，可是西方人并不承认这一点。这件事也说明：一个国家强大与否，是否有发言权会体现在各个方面，在小小的元素周期表中我们也能深刻地体会到这一点。

对于元素的命名会有很多种方式，在这里跟大家举一些有趣的例子，这些例子中所说的元素名称的原意，指的是元素英文名称单词的原意。

1.纪念西方神话。22号钛元素原意为泰坦神族，希腊神话中的古老神族；46号钯元素原意为希腊神话中的智慧女神巴拉斯；61号钷元素原意为希腊神话中的众神领袖宙斯的儿子普罗米修斯，他为人类带来了火种。

2.纪念元素的发现地。32号锗元素的原意是"德国"，113号铱元素的原意是"日本"。而87号钫元素和31号镓元素的原意都为"法国"，它们分别是根据法国国名的英文单词和拉丁文单词演变而来的。

3.描述元素的特性。28号镍元素在发现时是绿色的，与铜锈很相似，所以其名称的原意为"假铜"；80号汞元素的原意为像水一样可以流动的白银；由于氯气是绿色的，所以17号氯元素的原意为绿色气体；78号铂元素在发现时被误认为是白银，所以其名称的原意即白银。

4.纪念伟大的科学家。104号钅卢元素纪念英国化学家卢瑟福，107号铍元素纪念丹麦物理学家玻尔，111号铼元素纪念德国物理学家伦琴，112号镉元

万物有化学

104 Rf 铲 (lú)

107 Bh 铍 (bō)

111 Rg 铊 (lún)

**卢瑟福**　　　　**玻尔**　　　　**伦琴**

112 Cn 鎶 (gē)

101 Md 钔 (mén)

**哥白尼**　　　**门捷列夫**

素纪念波兰伟大的天体物理学家哥白尼，101号钔元素，则是纪念元素周期表之父门捷列夫。

　　5.纪念天体的发现。92号铀元素、93号镎元素、94号钚元素，这三个元素的名称分别来源于天王星、海王星、冥王星的英文名称。

　　希望随着中国科研水平的日益提升，未来也会有纪念发现地为中国的元素出现！你们觉得叫什么名字好呢？

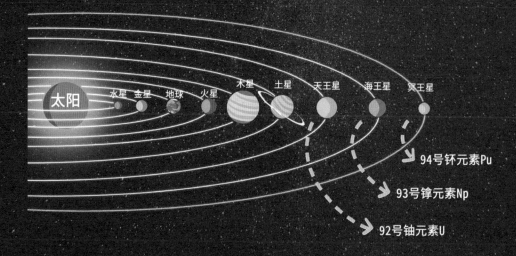

# 对世界认知的演变

元素，在中文里是最基本单元的意思。

"元素"这个概念，是由古希腊科学家柏拉图正式提出的。人们从开始认识世界的时候就想寻找组成我们这个世界的最基本单元。在古希腊，哲学家们认为组成世界的基本要素是火、地、水、风。地的特性是坚硬，水的特性是湿润，火的特性是燥热，风的特性是运动。

这四个要素之所以能构成世界，源自它们的互相协调与互相牵制。当柏拉图首次提出了"元素"的概念后，"四元素说"变得更加清晰，易懂，更易

传播，这种观点也在相当长的一段时间内影响着西方科学的发展。

中国作为东方文明的代表，自古以来就有着与西方文明并行的一套认知世界的体系。中国古代思想家认为，世界是由"五行"组成的，即金、木、水、火、土五种物质。五行相生相克，从而孕育了整个世界。

从这里可以看出，西方的四元素说和东方的五行学说，在思想上有一定的连通性，东西方两种文明虽然相隔万里，但是对世界的认知却有着相似的过程。虽然东西方对组成世界的基本单元进行了很多讨论和探索，但是这种讨论都是哲学层面的，是不以真实实验为基础的讨论与研究。

直到17世纪英国科学家玻意耳提出要从实验的角度去寻找和定义元素，用化学实验的方法来认知世界，这个理论也逐渐成为科学界的共识。玻意耳的科学精神和实验科学思想，凝结成了其不朽著作《怀疑的化学家》，这本著作让化学从哲学想法与生产生活经验成为真正的自然科学，也成为近代化学的开始。

# 原子就像
# 微缩版的星系

　　元素是具有相同核电荷数的原子的总称。原子包含原子核和核外电子,原子核内质子数等于核外电子数。

# 元素到底是什么？

在化学中，元素是最基本的物质组成单元，是一切化学反应的基础。元素概念的确定将化学这个自然学科的研究范围也明确了下来，所以我们一定要弄明白元素到底是什么。

虽然，玻意耳在17世纪对化学元素的内涵进行了重新阐释，但是由于当时科学技术的局限，并没有给出元素的精确定义，直到20世纪，人们才最终明白了元素的本质——具有相同核电荷数的同一类原子的总称。

从化学的角度来看，世界上的物质是由原子通过相互作用而形成的。**原子内部则是一个小小的原子核和一个或多个围绕原子核运动的核外电子。**

原子核虽然很小，但是质量占到了整个原子质量的99.9%以上。原子的结构很像是宇宙中星系的结构，例如我们的太阳系，太阳就相当于原子核，而

哇！快来看！原子结构好奇妙！

**原子核**
质子+中子

**电子**

围绕太阳运转的行星就相当于核外电子，太阳的质量也占到了太阳系总质量的99.8%以上。

没想到，原子尺度的微观世界与宇宙尺度的宏观世界竟如此相似！这种相似性让人叹为观止，物质世界在极大和极小两个视觉尺度形成了结构上的循环。

原子核虽然小，但是内部却包含了一个或多个质子和中子：质子带正电，中子不带电，原子核呈现正电。原子核的质子数，即带电量就被称为核电荷数。又因为原子核外的电子呈现负电，而核外电子数等于质子数，从而正负电荷抵消，整个原子不

**原子尺度的微观世界，
与宇宙尺度的宏观世界竟如此相似！**

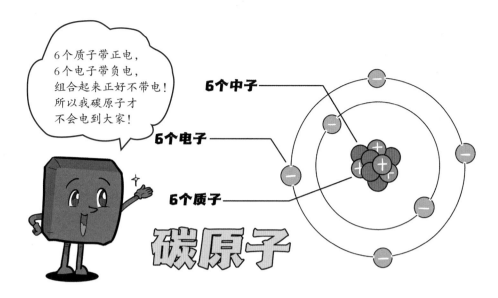

6个质子带正电，
6个电子带负电，
组合起来正好不带电！
所以我碳原子才
不会电到大家！

6个中子

6个电子

6个质子

碳原子

显电性。

经过这么一番推理，可能有的同学有点蒙了，但大家只要记住：

质子数确定了，这个原子的元素种类也就确定了。例如碳原子，原子核内含有6个质子，故而所有含有6个质子的原子就被统称为碳元素；又如氧原子，原子核内有8个质子，因此所有含有8个质子的原子都归属氧元素。

**元素之间的差别取决于核电荷数，**也就是质子的数量，不同数量的质子，造就了不同的元素。

# 化学的边界

　　从前面的定义可以知道，**元素是具有相同核电荷数（即相同质子数）的同一类原子的总称，与中子数无关**，并且原子中含有的电子数和质子数相同。

　　大家在这里是否有疑问：为什么不说元素是具有相同电子数的原子的总称，而说是具有相同质子数的原子的总称呢？那是因为**电子是可以在原子之间相互作用和迁移的**，数量并不稳定。

电子非常非常调皮，经常在不同原子之间相互作用和迁移哟！

原子 A

原子 B

我是碳，我和氧气妹妹充分燃烧，发生化学反应，反应的产物是二氧化碳！

　　电子的相互作用和迁移的过程虽然使原子核外的电子数经常发生变化，让核外电子数无法作为规定元素种类的依据，但是"有失必有得"，电子的相互作用和迁移却成了化学反应的基础和根本原因。

　　所以，化学研究的是原子之间的相互作用，这种相互作用是通过电子实现的，化学反应是电子的行为，而原子核不发生变化。

　　大家一定好奇，如果原子核发生了变化，又会怎么样呢？

　　当原子核内质子数变化后，元素的种类就改变了，就变成了另一种元素，比如核内质子数从1变成2，元素就会从氢元素变为氦元素；当原子核内中子数变化后，这个原子虽然还是属于原来的元素，但实则变为了另一种同位素，比如铀-235变为了铀-238。这两种变化已经不是化学反应了，超出了化学反应研究的范畴，这两个反应被称为**核反应**，是物理学的研究范围。

所以讲到这里，我们就要彻底明白，到底什么是化学，什么是化学反应，化学学科研究的边界在哪里。

**趣味问答**

同学们，请看一看，下面哪个是化学反应？哪个是物理反应？

1.核电站中，铀-238反应变为钚-239。

2.氘气和氧气反应，生成重水。

答案：

1.物理反应

2.化学反应

我们已经知道，原子核中的质子数决定了元素的种类。但有时候会出现这样的情况：归属一种元素的原子核，它们质子数相同，但是中子数不同。这是怎么回事呢？

它们虽然归属于同一种元素，但被互称为**同位素**。它们的化学性质相同，

但物理性质和生理功能却天差地别。

我们以氢元素为例进行详细说明。

老三氕与氧形成的是轻水（$H_2O$），也就是平常可以饮用的水；

老二氘与氧形成的是重水（$D_2O$），是核反应堆的一种中子减速剂，轻水是没有这个作用的；

老大氚与氧形成的是超重水（$T_2O$），超重水具有放射性，在自然界中含量微乎其微。

这三种物质虽然都是水，但是重水和超重水是不能喝的，饮用一定量的重水会严重影响人类的正常新陈代谢，从而导致人体发生病变，甚至死亡。

当然，也有一些勇敢的人品尝过微量重水的味道，据说略带甜味，小朋友们就不要尝试啦！

# 不老实的电子

虽然原子的结构与宇宙中星系的结构非常相似，但是对应行星角色的电子却运动得非常剧烈，甚至可以说是"疯狂"。

电子的运动速度可以达到1000—2000千米/秒，是地球运动速度的30—70倍。大家可能会说电子运动得也不快嘛，可是不要忘了，电子是在不到1埃米的范围内做如此高速的运动的。1埃米=0.1纳米，也就是说，电子的运动范围只相当于地球绕日半径的十五万亿亿分之一，而运动速度却是地球运动速度的30—70倍，这个差距已经大到我们无法想象了。所以依靠现阶段的观测手段，我们是看不清电子的，我们只能看到它们运动后留下的影像，像一团云雾，我们把这团云雾称为"电子云"。

当然，电子云可以是由一个电子形成的，也可以是两个甚至是更多的电子形

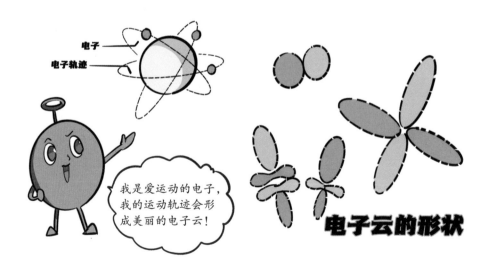

电子云的形状

成的。

　　电子虽然进行着超高速的运转，但是它并不是闷头乱撞的，而是在一定的轨道上运行。

　　不同的轨道由于能量不同，电子运行的路线也不同，进而这些不同轨道上的电子云形状也各不相同：有的呈现球形、哑铃形，有的呈现花瓣形，甚至更加复杂的形状，看上去非常美丽。如果想要弄清楚电子云形成这些形状的根本原因，则需要运用**量子力学**的知识来进行理论计算，就等小朋友们长大之后再慢慢进行探索吧！

# "化学"名词的由来

化学是从古代炼金术演变而来的,英文中化学的单词"chemistry"就是由阿拉伯语中"炼金术"这个词演化而来的。而在中国清代以前是没有"化学"这个词语

的,我们把这个学科称作"兰学""舍密"或者"格致",其中"兰学"和"舍密"这两个词语是日本学界对化学的称谓,后来也传到了我国并被普遍使用。

到18世纪50年代,我国相继出版了两部化学书籍《六合丛谈》和《格物探原》,其中都明确使用了"化学"这个词,意为"物质变化的学问"。这个词一经发明,便凭借着贴切的寓意迅速传遍中国,更进一步传入日本。日本学界早就对"舍密"这个莫名其妙的词语大为不满,看到

"化学"这个词十分兴奋,故而欣然接受并在日本普及开来,所以"化学"这个词语可谓是地地道道的"中国制造"。

# 门捷列夫
# 与元素周期律

　　元素周期律——元素性质随着原子序数
的递增而呈现周期性变化的规律，竟然不是
门捷列夫首先发现的。

# 纷乱元素的困惑

随着人们发现的化学元素越来越多，即使是专业从事化学研究的人，也很难做到准确叫出其中任何一种元素的名字，更不要说在这么纷乱的元素中，找出一个规律并将所有的元素包含进去了。

在19世纪初，当时的科学家已经发现了60多种元素，但是这些元素性质不一，显得杂乱无章。这种情况使人们感到迷茫：这个世界上到底有多少种元素？元素之间的关系是什么？应该如何去寻找新的元素呢？

截至今天，我们已经明白化学元素的性质会出现周期性变化，这**个周期性的变化规律就是元素周期律**。元素周期律的发现，是人类近代化学史上的一座光彩夺目的里程碑，打破了人们曾经认为的元素是相互孤立的观点，对整个自然科学的发展都具有指导意义。

下面我们就一起回到19世纪，重温元素周期律的发现之旅吧！

元素周期律的发现并不是一蹴而就的。

1865年，英国化学家约翰·纽兰兹发现，如果把当时已知的一部分元素按原子量（原子的质量）的递增顺序排列，就会看到元素的化学性质以8个元素为单位循环出现。这就像音乐音阶的循环规律一样，所以我们称纽兰兹发现的元素规律为"元素八音律"。

| No. | No. | No. | No. | No. | No. | No. | No. |
|-----|-----|-----|-----|-----|-----|-----|-----|
| H | F | Cl | Co&Ni | Br | Pd | I | Pt& |
| Li | Na | K | Cu | Rb | Ag | Cs | O |
| G | Mg | Ca | Zn | Sr | Cd | Ba&V | H |
| Bo | Al | Cr | Y | Ce&La | U | Ta | Tl |
| C | Si | Ti | In | Zr | Sn | W | Pb |
| N | P | Mn | As | Di&Mo | Sb | Nb | |
| O | S | Fe | Se | Ro&Ru | Te | Au | |

John Newlands
约翰·纽兰兹

纽兰兹的元素八音律周期表，其中部分元素符号以及测量出的部分元素的原子量，和现今都有一定差异。

从现代元素周期律的角度出发，我们可以看到，在元素周期表中第二周期（第二行）和第三周期（第三行）均有8种元素，也就是说，从第二周期的某个元素往后数8种元素，就正好对应此元素正下方的同族元素，这些同族元素具有相似的化学性质。比如，4号铍元素和12号镁元素。

但细心的你也会发现：从第四周期（第四行）开始，每个周期所包含的元素数量迅速增加，例如第四周期包含了18种元素，第六周期则包含了32种

元素，所以处于这些周期的元素就无法符合"元素八音律"了。

　　所以，"元素八音律"只是根据一部分元素所总结出来的有趣经验，并不具有普适性，但是它却明确提出了元素的化学性质具有周期性变化的特点，这已经是人们对化学元素认识的重大突破了。

可能是元素性质周期变化的想法太过颠覆传统的思维，纽兰兹不但没有被大家认同，并且还受到了很多无情的嘲笑，在重重压力下，纽兰兹放弃了进一步探索元素周期律，这个真理只被掀开了一个小小的衣角。

但是纽兰兹依旧是一位伟大的化学家，他的发现让化学史前进了一大步。

提起门捷列夫，相信很多小朋友都很熟悉，他于1834年出生在俄国西伯利亚，是一位伟大的化学家。

年轻时候的他，把当时已知的63种元素的原子量和主要性质分别写在卡片上，并把这些卡片反复地分组，排列，以寻找其中的规律。他发现，**元素的性质的确是呈现周期性变化的，但是变化周期并不固定。**

如果将这63种元素进行周期性排列，就会发现某些元素之间并不应该相邻，中间应该还有其他未发现的元素，寻找这些未知元素，并验证它们的性质，就成为验证门捷列夫元素周期律是否成立的终极手段。

# 首战告捷！

Дмитрий Иванович
Менделеев
**德米特里·伊万诺维奇·门捷列夫**
1834—1907

L. de Boisbaudran
**布瓦博德朗**

31　　Ga
**镓**
jiā

门捷列夫根据自己发现的元素周期律制作了第一张真正意义上的元素周期表，同时，他也大胆地预言了四种未知元素的性质，并留下了空位，这四种元素门捷列夫称之为类硼、类铝、类硅、类锰，它们的性质分别类似于硼、铝、硅和锰。

预言未知元素这件事在当时看来非常狂妄，然而，事实却做了有力的回答。1875年，法国科学家布瓦博德朗发现了一种新元素，命名为"镓"。它就是门捷列夫预言的类铝。

当时，门捷列夫虽然没有看到这种新元素，但是他果断地写信给布瓦博德朗，说明镓的比重应该是水的6倍。几天之后，从巴黎寄来了一封回信，信上说门捷列夫错了，镓的比重不是6，而是4.7。但门捷列夫坚信自己是正确的，立即回信说，镓就是我预言的类铝，它的比重应该在5.9上下，请再重新检验一下。

布瓦博德朗十分小心地再次提纯了所得的物质，重新测定了比重，发现正如门捷列夫所预言的那样，镓的比重果然是5.96。对于镓元素的成功预言使元素周期律获得了第一次成功的验证。

　　随后1879年，瑞典科学家尼尔逊发现了钪元素（Sc），即门捷列夫预言的类硼。1886年，德国化学家温克勒发现了锗元素（Ge），即类硅。

# 消失的类锰

虽然类铝、类硼、类硅被相继发现，但是类锰始终未见踪影，不过人们已经不再怀疑元素周期律的准确性了。但奇怪的是，自此之后的几十年，所有努力都付诸东流，类锰始终不见踪影。

直到1937年，此时门捷列夫已经辞世了整整30年，类锰元素才终于通过

人工方法制备出来，它也是人工合成的第一种元素，取名Technetium (Tc)，源自希腊文的"人造"这个词，中文名称为锝（dé）。

但是为什么人们在自然界找不到锝元素，必须用人工合成的办法得到呢？那是因为锝元素是放射性元素，其半衰期不够长，最稳定的锝同位素的半衰期也不过区区几百万年，相比于地球46亿年的历史来说实在是太短，因此地球上即使曾经存在过锝元素，也早已消失殆尽了。

不过，锝元素的发现也再一次印证了门捷列夫元素周期律的正确性。

◎　知识延伸

半衰期：在放射性衰变过程中，放射性元素的原子核有半数发生衰变时所需要的时间。

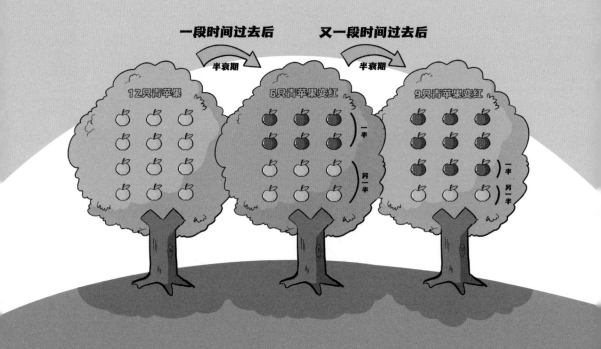

# 与诺贝尔奖失之交臂

门捷列夫先生与诺贝尔奖失之交臂，真的太让人伤心啦！

别伤心了，小小化学家，人们为了纪念门捷列夫先生，将我101号元素命名为钔，我是以门捷列夫先生命名的元素呢！

钔

　　作为元素周期表的发现者，门捷列夫的贡献是具有划时代意义的，但是门捷列夫却终究没有获得诺贝尔奖。虽然1905年和1906年门捷列夫被两次提名，但都与诺贝尔奖失之交臂。1907年2月2日，门捷列夫与世长辞，享年73岁，从此他就再也没有机会获诺贝尔奖了，这件事也成为科学史上的一个巨大遗憾。

　　人们为了纪念门捷列夫的科学贡献，把元素周期律和元素周期表称作"门捷列夫元素周期律"和"门捷列夫元素周期表"。

　　1955年，美国化学家乔索、哈维、肖邦等人，在加速器中用氦原子核轰击99号锿元素(Es)的原子，经过衰变后获得了一种新的元素，这种元素便以门捷列夫的名字命名，即101号钔元素(Md)。

# 再次审视元素周期表

无论是纽兰兹还是门捷列夫，他们都是依照原子质量大小对元素进行排序，从而发现了元素周期律。但是这种排列原理却并没有体现原子结构的本质。

根据现代元素周期律得知，元素实际上是按照原子序数的大小，即原子核内质子的数量进行排列的，而元素化学性质之所以呈现周期性变化，是因为元素的价电子数（对于主族元素来说，即最外层电子数）随着原子序数的增加呈现周期性的变化。

同周期元素质子数依次增多，核外电子数也依次增多！

| 第二周期 | 3 Li 锂 | 4 Be 铍 | 5 B 硼 | 6 C 碳 | 7 N 氮 | 8 O 氧 | 9 F 氟 | 10 Ne 氖 |
|---|---|---|---|---|---|---|---|---|

咱哥儿俩的最外层电子数都是"8"，所以我们性格沉静，通电会发光哟！我们是稀有气体元素！

最外层电子数决定元素的化学性质！咱俩的最外层电子数都是"1"，怪不得我们碱金属元素都这么活泼！

这里需要单独强调一点，**序号靠后的元素的原子质量并不一定大于之前元素的原子质量**。例如28号镍元素的原子质量小于27号钴元素。只是从趋势上来讲，元素的原子质量会随着原子序数的升高而增大而已。

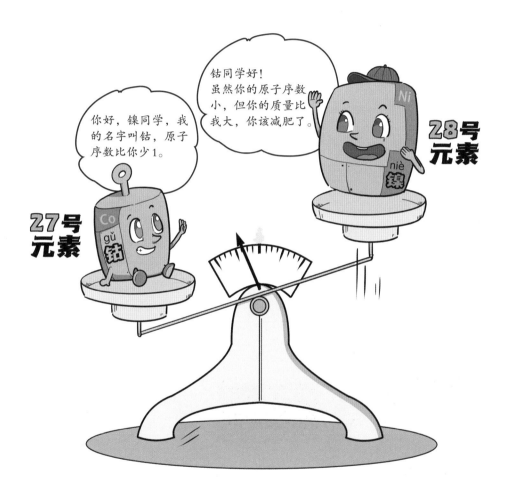

# 国际化学元素周期表年

　　门捷列夫的成功，也像牛顿一样，是站在了巨人的肩膀上。虽然门捷列夫并不是第一个发现元素性质具有周期性的科学家，甚至也不是第一个将所发现的元素归纳列表的科学家，但并不妨碍门捷列夫通过自己的努力和聪明才智，将前人的工作系统总结，并进行了建设性的发展，最终提出了"门捷列夫元素周期律"，向人类揭示了一个大自然的普遍真理。

　　2019年是门捷列夫发明元素周期表的150周年，联合国大会将2019年定为"国际化学元素周期表年"，以表彰元素周期表发明的重要性。

　　如果将元素周期表中的每一个位置都放置一块对应元素的实物，那这一面"元素周期表墙"将足以震撼人的心灵。据说，微软公司创始人比尔·盖茨先生的办公室就有哟！

# 电子的排列游戏

元素的化学性质呈周期性变化，是因为外围电子的排布呈周期性变化。

# 元素周期律的本质

元素周期律指的是元素的化学性质呈现周期性的变化。

电子在原子核外是如何周期性排布的呢？不同元素原子的核外电子数各不相同，但无论电子是多还是少，都不是杂乱无章堆积在一起的，而是严格分布在不同的轨道上围绕原子核旋转，而这些轨道又可以分为不同的层级。

化学研究的是电子的行为，元素的化学性质是由电子决定的，所以**元素周期律的本质是元素原子核外电子排布的周期性变化。**

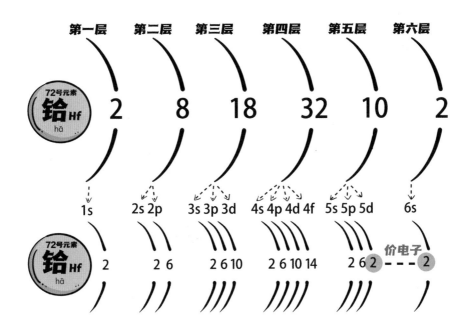

# 多层次的轨道

翻开元素周期表，我们可以看到全部118种元素被分成了7行，每一行就被称为一个周期，而**处于相同周期的元素，则具有相同的电**子层数。

例如72号铪元素位于第六行，也就是处于第六周期，核外共有6个电子层。不光是铪元素，整个第六周期的32个元素，从55号铯元素一直到86号氡元素都具有6个电子层。

但是每个电子层所能容纳的电

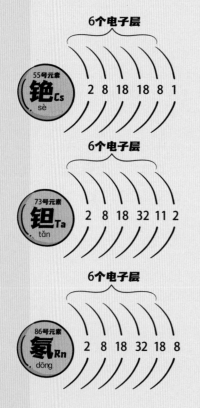

**6个电子层**

55号元素 **铯** Cs sè 2 8 18 18 8 1

**6个电子层**

73号元素 **钽** Ta tǎn 2 8 18 32 11 2

**6个电子层**

86号元素 **氡** Rn dōng 2 8 18 32 18 8

我有几个电子层就代表我在第几周期，小朋友们，快来数数铯、钽、氡的电子层数，看看它们在第几周期吧！

**6个电子层**

**铪** hā 2 8 18 32 10 2

| 周期数 | 包含最多元素数 |
|---|---|
| 第一周期 | 2 |
| 第二周期 | 8 |
| 第三周期 | 8 |
| 第四周期 | 18 |
| 第五周期 | 18 |
| 第六周期 | 32 |
| 第七周期 | 32 |

每个周期所包含的元素数是逐渐增加的！

子数量则完全不同，原因就是**每个电子层由多个电子亚层组成**。具体来讲，第几电子层就有对应的几个电子亚层，例如，第一电子层只有一个电子亚层，也就是1s亚层，第二电子层就有两个电子亚层，2s和2p亚层，第三电子层就有三个电子亚层，分别为3s、3p和3d亚层。一个电子层如果包含的电子亚层数量越多，所能容纳的电子数量自然也就越多。

所以，**远离原子核的电子层所能包含的电子数就非常多，也较难填满，周期也变得越来越长**，故而**元素周期表中一个周期所包含的元素数量是逐渐增多的**。

# 电子和电子
# 是不同的

一种元素的化学性质取决于这种元素原子外围电子的数量。那什么是原子外围电子呢？顾名思义，就是排布靠外的那些电子。

> 我是碳元素，最外层有4个电子，它们负责参与化学反应，你呢？

2 ④

每种元素都包含那么多的电子，但并不是所有的电子都可以参与化学反应，到底哪些电子可以参与化学反应，并决定了元素的化学性质呢？

例如6号碳元素，第一电子层有2个电子，被排满，而第二电子层则只有4个电子，并没有被排满。那么这4个位于第二电子层的电子就是碳元素的外围电子，并决定了碳元素的化学性质。

再例如23号钒（fán）元素，第一电子层和第二电子层均排满。但是第三电子层和第四电子层却都没有排满，第三电子层有11个电子，其中2个排满了3s亚层，6个排满了3p亚层，而剩下的3个则处于没有排满的3d亚层；而第四电子层则只有2个电子，远远没有排满。所以钒元素的外围电子就包含了未

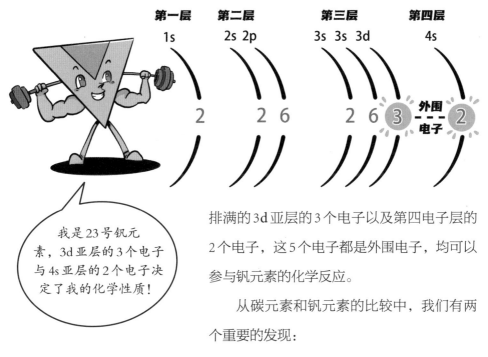

第一层　　　第二层　　　　第三层　　　　第四层

1s　　　2s 2p　　　3s 3s 3d　　　4s

2　　　2 6　　　2 6 **3** 外围电子 **2**

我是23号钒元素，3d亚层的3个电子与4s亚层的2个电子决定了我的化学性质！

排满的3d亚层的3个电子以及第四电子层的2个电子，这5个电子都是外围电子，均可以参与钒元素的化学反应。

从碳元素和钒元素的比较中，我们有两个重要的发现：

（1）元素原子的核外电子并不是先将所有内层的电子层排满之后才去排下一个电子层；

（2）元素原子的外围电子并不一定全部处于最外电子层。

如果元素原子的外围电子只涉及最外电子层，则称之为**主族元素**，如碳元素；如果外围电子涉及两个电子层甚至是三个电子层，则被称为**副族**

■ 红色区域为主族元素
■ 紫色区域为副族元素

| 氢 | | | | | | | | | | | | | | | | | 氦 |
| 锂 | 铍 | | | | | | | | | | | 硼 | 碳 | 氮 | 氧 | 氟 | 氖 |
| 钠 | 镁 | | | | | | | | | | | 铝 | 硅 | 磷 | 硫 | 氯 | 氩 |
| 钾 | 钙 | 钪 | 钛 | 钒 | 铬 | 锰 | 铁 | 钴 | 镍 | 铜 | 锌 | 镓 | 锗 | 砷 | 硒 | 溴 | 氪 |
| 铷 | 锶 | 钇 | 锆 | 铌 | 钼 | 锝 | 钌 | 铑 | 钯 | 银 | 镉 | 铟 | 锡 | 锑 | 碲 | 碘 | 氙 |
| 铯 | 钡 | 镧系 | 铪 | 钽 | 钨 | 铼 | 锇 | 铱 | 铂 | 金 | 汞 | 铊 | 铅 | 铋 | 钋 | 砹 | 氡 |
| 钫 | 镭 | 锕系 | 𬬻 | 𬭊 | 𬭳 | 𬭛 | 𬭶 | 鿏 | 𫟼 | 𬬭 | 鿔 | 鿭 | 𫓧 | 镆 | 𫟷 | 鿬 | 鿫 |

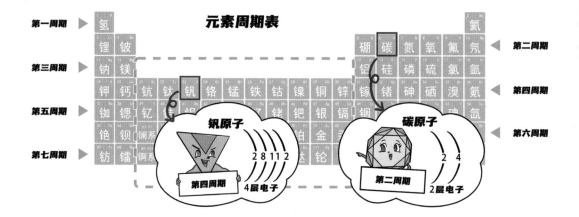

元素，如钒元素。而这些可以参与化学反应的外围电子被称为**价电子**。

从这里我们就明白了，主族元素和副族元素的根本区别，就是看元素的价电子共涉及几个电子层。

那么终极问题又回来了：

为什么元素的化学性质会呈现周期性变化呢?

终极答案：

元素随着原子序数的升高，价电子的数量呈现周期性的变化。

万物有化学

# 独一无二的位置

　　元素在周期表中不是被随便安放的，而是通过元素的电子排布情况推定出来的，所以元素在周期表中具有独一无二的位置。

　　首先，元素具有几层电子，它就位于第几周期，也就是位于周期表的第几行；

　　其次，除镧系和锕系元素外，元素具有的价电子数量就决定了它在第几族，也就是周期表的哪一列；

　　最后，如果价电子只涉及一个电子层，则为主族元素（A），如果价电子涉及多个电子层，则为副族元素（B）。

　　所以当我们知道一个元素的电子排布时，我们就能够准确地推断出它在元素周期表中的位置啦！

# 周期越来越长的困扰

在翻看元素周期表的时候，有心的你一定会发现，元素周期表的底部有两排特别的元素，它们分别被称作**镧系元素**和**锕系元素**。

它们只占用了周期表主表中的一个格子，而在元素周期表的下面，才把镧系元素和锕系元素的成员详细罗列出来，这是为什么呢？

请翻开元素周期表，我们可以看到，镧系元素和锕系元素所在的第六周期和第七周期均包含有32个元素，远远多于之前周期的元素数量。而镧系元素和锕系元素中，各元素原子的电子排布也非常相似。

例如大部分镧系元素之间的电子排布差别只存在于倒数第三层的4f亚层，而大部分锕系元素之间的电子排布差别只存在于倒数第三层的5f亚层，因此这类元素具有相似的化学性质，故而把它们放在了一起，统一起了个名字，

| 氢 | | | | | | | | | | | | | | | | | 氦 |
|---|---|---|---|---|---|---|---|---|---|---|---|---|---|---|---|---|---|
| 锂 | 铍 | | | | | | | | | | | 硼 | 碳 | 氮 | 氧 | 氟 | 氖 |
| 钠 | 镁 | | | | | | | | | | | 铝 | 硅 | 磷 | 硫 | 氯 | 氩 |
| 钾 | 钙 | 钪 | 钛 | 钒 | 铬 | 锰 | 铁 | 钴 | 镍 | 铜 | 锌 | 镓 | 锗 | 砷 | 硒 | 溴 | 氪 |
| 铷 | 锶 | 钇 | 锆 | 铌 | 钼 | 锝 | 钌 | 铑 | 钯 | 银 | 镉 | 铟 | 锡 | 锑 | 碲 | 碘 | 氙 |
| 铯 | 钡 | 镧系 | 铪 | 钽 | 钨 | 铼 | 锇 | 铱 | 铂 | 金 | 汞 | 铊 | 铅 | 铋 | 钋 | 砹 | 氡 |
| 钫 | 镭 | 锕系 | 𬬻 | 𬭊 | 𬭳 | 𬭛 | 𬭶 | 鿏 | 𫟼 | 𬬭 | 鿔 | 𬭸 | 𫓧 | 镆 | 𫟷 | 鿬 | 𬬮 |

| 镧系元素 | 镧 | 铈 | 镨 | 钕 | 钷 | 钐 | 铕 | 钆 | 铽 | 镝 | 钬 | 铒 | 铥 | 镱 | 镥 |
|---|---|---|---|---|---|---|---|---|---|---|---|---|---|---|---|
| 锕系元素 | 锕 | 钍 | 镤 | 铀 | 镎 | 钚 | 镅 | 锔 | 锫 | 锎 | 锿 | 镄 | 钔 | 锘 | 铹 |

即镧系元素、锕系元素。

　　试想一下，如果把镧系元素和锕系元素全部列入元素周期表的主表中，表的下部就会变得非常宽，让周期表所体现的化学原理不再直观，同时也完全失去了美观性，给周期表的设计带来了巨大麻烦，所以将镧系元素和锕系元素放在表的底部，也是设计布局的科学选择。

　　按照理论推算，第八周期将会有50种元素，随着人类科学技术的不断发展，在不远的将来，当我们把第八周期填满时，周期表肯定还要进行一次布局优化，那个时候的周期表会长成什么样子，就请小朋友们自由想象吧！

化学元素周期表

# 5

## 元素周期表中
## 沉默的"非主流"

有的元素化学性质活泼，有的懒惰，这
取决于它核外价电子的数量。但是，活泼与
懒惰并不绝对！

(xiān)

氙

# 化学活性的解读

我们已经明白，化学反应是原子核外电子的迁移与相互作用，那么一种元素的化学活性就取决于电子迁移的难易，以及电子相互作用的强弱。

那么，在元素周期表中哪些元素的化学活性高，哪些元素的化学活性低呢？从区域上来说，除了最右侧的一列元素外，靠周期表两侧的元素活性都

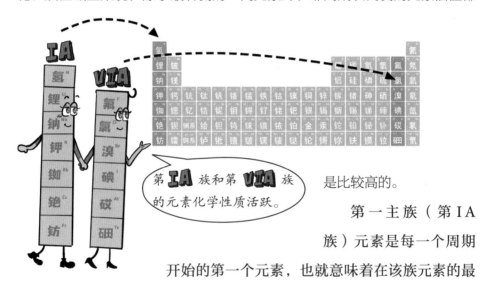

第 **IA** 族和第 **VIA** 族的元素化学性质活跃。

是比较高的。

第一主族（第IA族）元素是每一个周期开始的第一个元素，也就意味着在该族元素的最外电子层，也就是价电子层上都只有一个电子。最外层的这个孤电子非常活泼，为了达到稳定状态，在化学反应中，最外层的孤电子很容易丢失，从而形成稳定的离子，例如钠离子、铷离子等。

细心的你肯定注意到了，11号钠元素和37号铷元素虽然同处第一主族，但是两者的内层电子排布有很大的不同：钠元素的内电子层全部排满，铷元素则不是，第四层整体并没有排满，而是仅有4s、4p两个亚层排满，4d、4f

两个亚层为空。其实，空和排满都是非常稳定的状态，故而钠元素和铷元素的内电子层都非常稳定。

相反，**第七主族元素**则处于一个周期即将结束的位置，该族元素原子的最外电子层，也就是价电子层的电子数都为7，只缺一个电子就可以达到稳定。

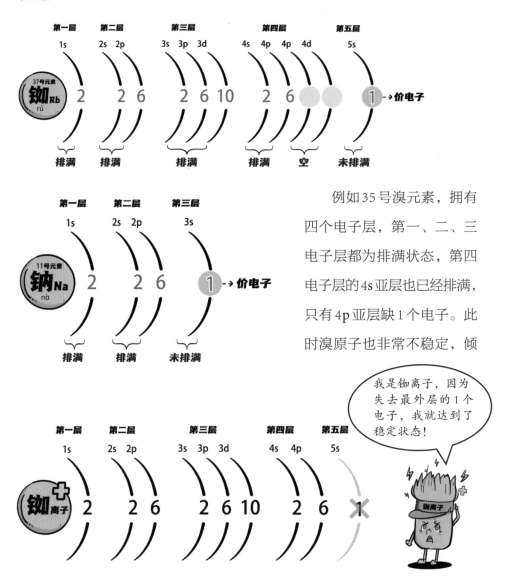

例如35号溴元素，拥有四个电子层，第一、二、三电子层都为排满状态，第四电子层的4s亚层也已经排满，只有4p亚层缺1个电子。此时溴原子也非常不稳定，倾

我是铷离子，因为失去最外层的1个电子，我就达到了稳定状态！

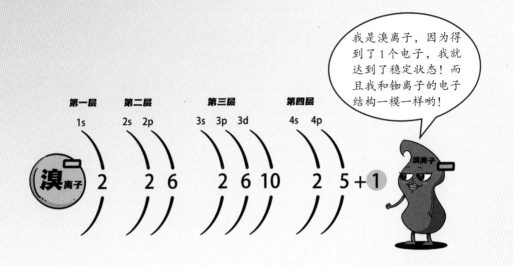

向于在化学反应中夺取一个电子形成溴离子，从而使所有电子层都达到稳定状态。

如果我们仔细观察，就会发现铷离子和溴离子的电子排布竟然是一模一样的（均为36个电子），它们分别通过丢失1个电子和得到1个电子而达到了相同的稳定状态。

为什么钾离子和溴离子是稳定的呢？

我们再进一步剖析一下它们的电子排布方式。在钾离子和溴离子中，第一、二、三电子层完全排满，第四电子层的4s亚层和4p亚层也完全排满，而4d和4f亚层则完全为空。

大家肯定在这里会提出一个疑问，为什么不把4d和4f亚层也全部排满呢？排满之后不就更稳定了吗？这个想法听上去很有道理，不过现实中的电子排布则没有想象的那么简单。

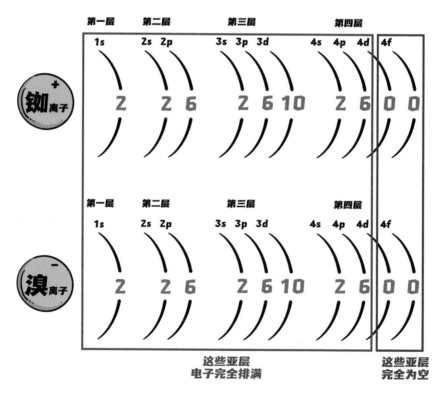

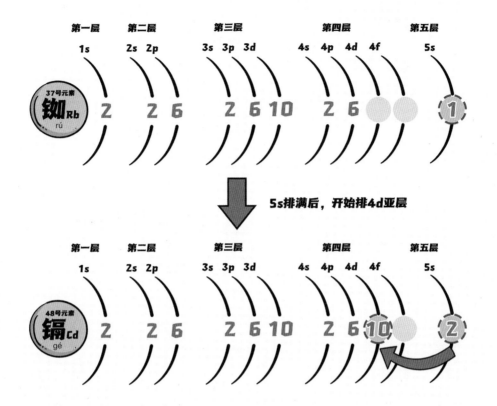

从铷元素的电子排布中我们已经看到，当4s亚层和4p亚层完全排满后，下一个电子并不是排进4d亚层，而是直接排进了第五电子层的5s亚层，形成了一个孤电子，等到5s亚层被排满后再返回去排4d亚层，这个现象被称为**电子轨道能级交错**。背后的原因就是5s亚层的能级低于4d亚层，故而电子进入5s亚层需要的能量更低，从而更加稳定。

由于能级交错的原因，当每一个电子层的p亚层被电子占满后，新的电子就会被排入下一个电子层的s亚层中，从而开启了新的一个周期，故而**p亚层被排满就成为一个周期结束的象征**。除第一周期外（第一电子层没有p亚层），一个周期中元素的p亚层排满时，意味着元素的最外层电子都刚好达到8个，这种状态被称为**八隅体**，八隅体电子结构就是化学性质的稳定状态。

# 0族？
# 第八主族？

讲到这里，肯定有聪明的小朋友要开动脑筋了：有没有哪种元素不需要丢失或者夺取电子，天生就是八隅体的电子结构呢？

当然有！

这些元素就组成了周期表中的一列非常特殊的族群——**惰性气体元素**。

就在周期表的最右侧，我们就能看到七个带有气字头的元素排成一列，分别为2号氦元素（He）、10号氖元素（Ne）、18号氩元素（Ar）、36号氪元素（Kr）、54号氙元素（Xe）、86号氡元素（Rn）和118号氪元素（Og），除了氦元素外（位于第一周期，核外只有两个电子），其余元素的电子排布都为八隅体结构。八隅体是一种稳定的电子排布状态，所以这些元素就有一个共同的性质——**化学惰性**。

我们是0族，都是天生的八隅体元素。

正常条件下，我们与常规物质不会发生任何化学反应！

常规条件下，连我们氟气都不怕，太厉害了吧！

人们一度认为惰性气体元素就是完全惰性的，毫无化学活性可言，最外层的8个电子根本不会参与化学反应，故而认定惰性气体元素的价电子数为0个，而不是8个，所以这一族元素也被人们称为**"0族元素"**。

# 惰性也有
# 惰性的用途

　　惰性气体元素，顾名思义，在常温常压状态下，这些元素形成的物质都是以气体的形式存在，并且化学性质极其稳定。我们日常熟知的气体，如氧气（$O_2$）、氢气（$H_2$）、氮气（$N_2$）都是由两个原子形成的气体分子构成。而惰性气体不同，都是以单原子形式形成的气体。原因很简单，惰性气体元素不仅不容易与其他元素发生化学反应，就连自身原子之间也同样不发生化学反应。

　　**惰性是非常有意义的化学性质。**

　　例如氩气，在地球大气层的含量为0.93%，是二氧化碳含量（0.03%）的30多倍，是一种性价比极高、具有工业用途的惰性气体。

　　生活中使用的灯泡内部就充满了氩气，它的用途是作为保护气。灯泡

在工作状态下，电流经过灯丝会释放大量热量，使灯丝的温度可以上升至2500℃以上。灯丝的主要成分是金属钨，在高温环境中会被空气中的氧气所氧化，从而被破坏。如果将灯泡内的空气用氩气代替，由于钨丝与氩气完全不发生化学反应，便可以极大地延长灯泡的使用寿命。除了制造灯泡，在金属焊接过程中，都会使用氩气作为焊接保护气，防止焊件被空气氧化或氮化。

再例如氦气，是唯一一种比空气还要轻的惰性气体。小朋友们一定非常喜欢气球，从前的气球是用地球上最轻的气体——氢气进行填充的，但是氢气易燃且容易发生爆炸，所以现在的气球一般都使用地球上第二轻的气体——氦气进行填充，由于氦气为惰性气体，就规避了所有危险。

当然，氦气不仅仅是作为气球的填充气体这么简单，它是制造潜水员使

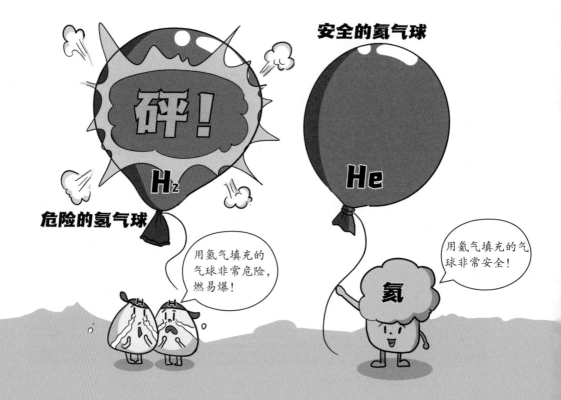

用的"人造空气"的重要原材料。

我们知道，空气中78%都是氮气，在压强较大的深海里，如果潜水员依然使用普通空气呼吸，氮气在血液中的溶解度会迅速上升。当潜水员从深海处回来气压逐渐恢复至常压时，溶解在血液里的氮气就会大量释放，形成气泡，这些气泡会对微血管起到阻塞作用，引起"气塞症"。而氦气在高压条件下的血液溶解度则小得多，如果用氦气和氧气的混合气体代替普通空气，就能避免"气塞症"的发生。

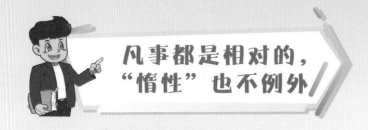

凡事都是相对的，"惰性"也不例外

惰性气体的概念存在了将近200年，人们一直都有一个疑问：**惰性气体真的是完全惰性的吗？**前赴后继的科学家都在不断地尝试让这个沉默家族活跃起来。

在周期表中，**随着电子层数的增多，元素原子的最外层电子距离原子核也越远，导致最外层电子的活动性逐渐增强**，故而0族元素中，越靠下的元素化学活性就相对越高。所以，科学家们把打破惰性的突破口放在了最靠下的非放射性元素——氙元素的身上。

想让氙元素形成化合物，就需要将氙元素原子的最外层电子抢夺过来。20世纪60年代，人们利用氟元素和铂元素制得了一种超强氧化剂六氟化铂（$PtF_6$），科学家们用$PtF_6$与氙气（Xe）混合，在室温条件下就轻而易举地制得了一种橙黄色固体，这就是第一种**惰性气体化合物**——六氟合铂酸氙（$XePtF_6$），这个结果震惊了世界。

随后，氪元素的化合物二氟化氪（$KrF_2$），氩元素的化合物氟氩化氢（$HArF$）等一系列惰性气体化合物被相继制备出来。但是，越往上的元素，由于其原子电子层减少，电子所受到的约束越强，元素的"惰性"也越强，因此氖元素的稳定化合物至今还没有得到。

既然惰性气体元素与其他元素可以发生反应，预示着"惰性气体"这个名称也就不再合适。后来我们把惰性气体改称为**"稀有气体"**，惰性气体化合物改称为**"稀有气体化合物"**。当然"0族元素"的称谓也不攻自破，反而"第八主族"的概念则显得更加有科学道理。

稀有气体化合物中的氩、氪、氙等原子，虽然被强行夺去了电子，但依然十分希望再得到电子，回归稳定状态，故而稀有气体化合物都具有极强的氧化性。它们被用作火箭推进剂的高能氧化剂，为我国航天事业的发展不断做出贡献。

　　氖元素由于原子半径太小很难制得氖化合物，但是令人意外的是，比氖元素原子半径更小的氦元素却制得了化合物。

　　2017年，以中国科学家为首的科研团队，在110万个大气压的条件下，竟然合成了氦元素的化合物氦化钠（$Na_2He$），这个结果再次震惊了世界。从结构来看，氦元素居然在反应中夺取了钠元素的电子，那么就预示着，氦元素反应过后会增加一个电子层，这个结果完全不符合已有的化学理论。经过科学家细致的研究，他们认为氦化钠中氦原子并没有与钠原子进行化学反应形成化学键，并不存在电子的迁移，只是由于反应压力非常高，将氦原子压

进了金属钠的晶体中并保持了稳定，故而形成了氦化钠。本质上来说，氦元素依然保持了惰性。但是氦化钠的合成让稀有气体元素更加充满神秘色彩。

例外的不只是氦元素。2006年，美国科学家与俄罗斯科学家合作，成功合成了目前周期表的最重元素——118号氭元素。按照电子排布规律，很自然地将它排进了稀有气体这一族。但是科学家经过理论计算发现，氭可能并不是气体，而很有可能是固体物质。这可有点麻烦，如果真的是这样，"稀有气体元素"这个称谓也就变得不准确，要被淘汰了。

所以，**科学在发展，人类的一切认识都是暂时的和相对的。**

万物有化学

# 6

# 宏观物质是
# 微观粒子的堆叠

物质的形成模式错综复杂，不同形成模式的根本区别在于基本粒子之间相互作用模式的不同，如原子和原子之间、分子与分子之间、离子与离子之间。

# 物质形成模式的多样性

在化学的维度内，元素是形成物质的最小单元。前面讲到，元素是具有相同核电荷数的同一类原子的总称，故而原子就是形成物质的最小的基本粒子。那么原子是如何形成物质的呢？

物质的形成模式充满了多样性。不同形成模式的根本区别在于基本粒子之间相互作用模式的不同。

木头哥，你知道我们原子如何形成物质吗？

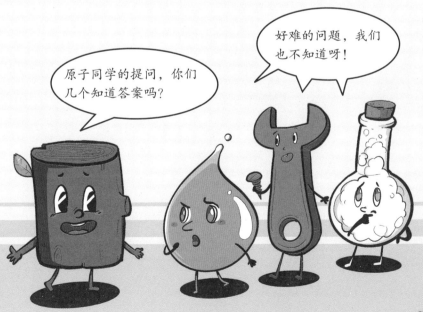

原子同学的提问，你们几个知道答案吗？

好难的问题，我们也不知道呀！

# 原子直接堆积成物质

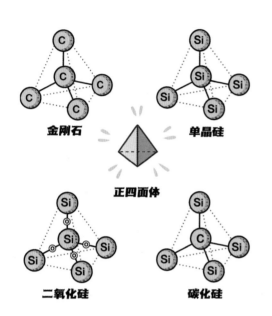

金刚石　　　　　单晶硅

正四面体

二氧化硅　　　　碳化硅

原子可以通过强相互作用力直接组成物质。例如金刚石晶体，就是碳原子之间相互形成**共价键**（本质是碳原子电子云的相互重叠而形成的作用力），进而规整排列，最终形成的晶体结构。从微观的结构来讲，金刚石晶体中的每个碳原子都和另外四个碳原子形成 σ 共价键，碳原子占据着正四面体的体心和顶点，而共价键则相当于正四面体中体心与顶点之间的连线，所以金刚石本质上就是由无数个

金刚石的正四面体结构和单晶硅、二氧化硅、碳化硅非常相似哟！

我们硅原子之间有很强的共价键把我们紧紧连在一起呢！

我们是硅原子，组成了单晶硅。

碳原子构成的正四面体组合在一起的高度交联的晶体结构，这种结构使得金刚石成为**自然界中最为坚硬的物质**。其实类似于金刚石晶体的物质还有很多，例如单晶硅、金刚石锗、碳化硅、二氧化硅等，这类由原子直接形成的晶体结构被称为**原子晶体**。

当然，共价键是一种很强的相互作用力，如果原子之间没有形成共价键，还能够形成物质吗？也是可以的。上一章中，我们介绍了稀有气体原子之间是无法进行化学反应的。原子之间只有一种叫作**范德瓦耳斯力**的弱相互作用，这种弱作用力导致了稀有气体原子之间较难形成紧密的排列与堆积，故而只能以松散的气体形式存在于自然界中。

金属也是一类重要的直接由原子组成的物质，但是和碳元素这样的非金

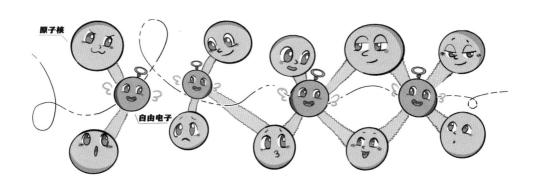

属元素不同，金属元素形成物质的模式具有其独有的性质。金属元素的原子核对外层电子的控制力普遍比较差，这就造成金属原子在形成**金属晶体**的时候，外围电子会变成自由电子，在晶体内部自由运动，这也是金属可以导电的原因。这些自由运动的电子会同时和每一个原子的原子核发生静电吸引作用（这种静电吸引力被称为**金属键**），从而让金属晶体保持紧密规整的结构。

# "不打不相识"的物质组成模式

当两种不同的原子对外围电子的控制能力相差巨大的时候，如果想要共同形成物质，首先就要相互交换电子，从而各自"变身"为离子，才能相互结合组成紧密的晶体结构。

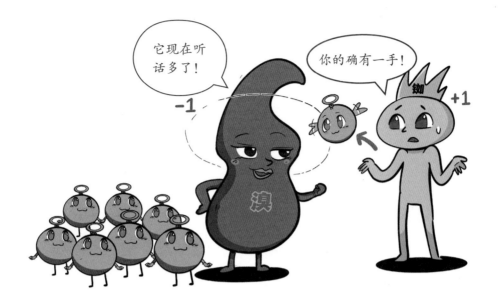

　　例如在本书第五章中讲到，铷元素倾向于丢失电子，而溴元素倾向于夺取电子。金属铷遇到液溴的时候，就会发生剧烈的化学反应，甚至可能爆炸。这种剧烈反应的过程，实际上就是溴原子夺取铷原子最外层电子的过程，夺取过程越"粗暴"，化学反应就越剧烈。当反应完成后，刚刚还打得不可开交的溴原子和铷原子，摇身一变成了亲如"兄弟"的铷正离子和溴负离子，它们通过静电吸引作用（**离子键**）紧密地结合在一起，形成了**离子晶体物质**——溴化铷（RbBr）。

　　我们日常生活中吃的食盐（氯化钠，NaCl）也是最为经典的离子晶体，小朋友们，快去厨房里拿一些食盐出来观察观察吧！

　　讲到这里，大家肯定发现了，虽然**金属键和离子键的本质都是静电吸引作用**，但是**它们由于形成的原因不同**，从而**被归为了不同种类的化学键**。

万物有化学

# "抱团取暖"才是物质最多的组成模式

纵然原子可以直接形成物质，也可以通过相互交换电子成为离子后再形成物质，但是这两种模式所形成的物质种类是比较少的，最多的一种模式是**分子模式**。

**分子是能够独立存在，并能保持物质的化学特性的最小粒子单元。**例如氧气是由两个氧原子形成的分子（$O_2$），而臭氧则是由三个氧原子形成的分子（$O_3$），虽然这两种分子都是由氧原子构成，但是化学性质全然不同。如果把它们都拆分成氧原子的话，它们也就不再具有氧气和臭氧的特性了，所以氧气分子和臭氧分子是两种不同的物质。

分子可以由多个原子组成，也可以由单个原子组成。回头再看稀有气体，虽然它们是由原子直接形成的，但是稀有气体原子却直接决定了稀有气体的化学性质，所以我们可以将稀有气体原子看成最简单的分子，即单原子分子。当然，大多数分子是由多个原子通过共价键结合在一起的**多原子分**

我们氧气分子是地球上的大多数生命生存必不可少的！

我们臭氧分子形成的臭氧层可以吸收紫外线，使生命免受紫外线伤害！

紫外线

氧气和臭氧的化学性质需要氧原子们组成分子才能体现。

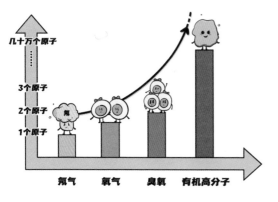

子。氧气分子就是双原子分子，臭氧分子就是三原子分子。当然，分子的规模可以变得非常巨大。例如我们日常生活中用到的塑料制品，都是由**高分子聚合物**制成的，这种高分子所包含的原子数量可以达到几十万、几百万，甚至上千万个。

分子在构成物质的时候，主要依靠的是前面提到的范德瓦耳斯力，这种力虽然比化学键小很多，但是它可以随着分子的不断变大而逐渐增强，例如氧气分子只由两个原子组成，氧气分子间的范德瓦耳斯力非常小，只能维持松散的气体状态。而高分子之间的范德瓦耳斯力就非常大了，可以让分子牢牢地结合在一起，所以我们日常生活中用到的塑料、橡胶等高分子聚合物都是固体，有些高分子聚合物材料甚至可以达到金刚石的硬度。

当然，分子相互作用形成物质时，范德瓦耳斯力不是必需的。分子也可以通过**氢键、π-π堆积作用、疏水相互作用**等弱相互作用结合成高分子物

质，这类物质我们称为**超分子化合物**。超分子化合物是目前材料领域研究的前沿热点，许多"黑科技"材料，例如"自愈合"材料、多肽药物递送载体、自组装光电材料等都是超分子化合物。"抱团取暖"的物质构成方式依然等待着未来科学家们不断地去研究和探索。

# 物质的变化远比我们想象的复杂

物质的构成模式如此多样，那么物质发生改变的方式也就同样复杂。既然**化学是研究"变化"的学问**，我们就需要深入地了解物质如何发生变化。

物质变化最彻底的一种方式当然就是物质的**组成元素本身发生了变化**，例如本书第二章中讲到的核物理反应，都属于这一类的物质变化方式。

如果元素本身没有发生变化，物质则可以通过**改变组成自身的元素种类**来实现改变。例如，当氢气分子（$H_2$）的两个氢原子之间插入一个氧原子时，由于分子中多了氧元素，所以物质就发生了变化，由氢气变成了水（$H_2O$）。

即使组成物质的元素种类没有变化，而只是原子的**数量改变**时，物质依然可以发生转变。例如二氧化碳（$CO_2$）和一氧化碳（$CO$）都是由碳元素和

万物有化学

氧元素组成的化合物，虽然分子中只相差一个氧原子，但是两者的性质相差巨大，一氧化碳是一种有毒气体，也是导致煤气中毒的罪魁祸首；二氧化碳则无毒，并且二氧化碳担负着自然界中能量传递的重要使命。

如果组成物质的种类、数量也都不发生变化，而是**原子之间形成的化学键的种类有所区别**，所形成的物质也具有天壤之别。例如前面讲到的金刚石是碳原子之间以 4 个 σ 共价键相连接，如果我们将其中的一个 σ 共价键变为 π 共价键，那么透明坚硬的金刚石就会变为乌黑润滑的

有毒的一氧化碳是导致煤气中毒的罪魁祸首！

二氧化碳是植物光合作用的原料！

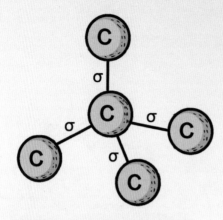

**金刚石中碳原子间都是**

**σ 共价键**

石墨。虽然都是碳原子形成的物质，但是从外观来看，两者已经找不到任何联系了。

我们将金刚石和石墨称为**同素异形体**，其实石墨烯、碳纳米管、足球烯、焦炭都是金刚石和石墨的同素异形体，由于碳原子之间的结合方式不同，虽然它们都为碳元素组成的物质，但它们依然具有截然不同的物理化学性质。

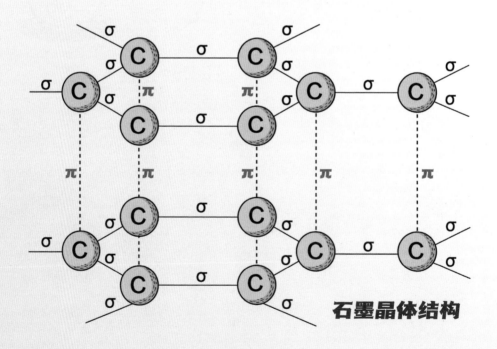

**石墨晶体结构**

有的小朋友又要开动脑筋了，如果两种物质的元素组成、原子数量、成键方式都相同，还有可能是两种物质吗？答案依然是肯定的。**顺铂**是一种广谱抗癌药物，由一个铂原子、两个氨分子以及两个氯原子构成，其中两个氨分子和两个氯原子分别挨在一起。顺铂对肺癌、卵巢癌、前列腺癌、鼻咽癌、食道癌、乳腺癌等肿瘤都具有较好的疗效。如果我们将一组氨分子和氯原子的位置进行调换，即两个氨分子和两个氯原子间隔排列，那么这个物质就变为了**反铂**，

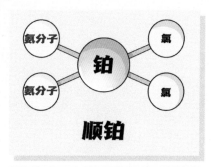

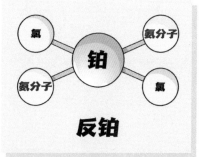

反铂不具有抵抗癌细胞的功能，相反，反铂对人体具有极大的副作用。顺铂和反铂虽然元素组成相同，原子数量相同，成键方式也相同，只是**原子的排列位置发生了变化**，也依然变成了两种不同的物质，我们称之为**同分异构体**。同分异构体广泛存在于有机化合物中，是有机物质种类远远多于无机物质种类的重要原因之一。

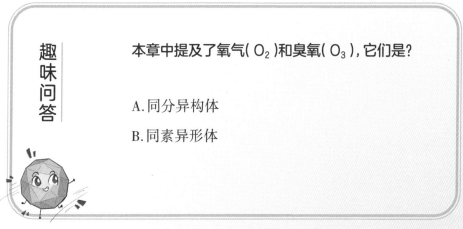

**趣味问答**

本章中提及了氧气（$O_2$）和臭氧（$O_3$），它们是？

A. 同分异构体

B. 同素异形体

答案：B

# 为什么要从化学的视角认识世界？

在科学的广大范畴中，化学和数学、物理、生物，甚至是社会学相互交融，促进着人类发展。化学会让我们拥有一双甄别"伪科学"的火眼金睛。

# 用化学的视角、科学的态度认识世界

看了前面的章节，同学们肯定会觉得化学有点复杂，慢慢失去了读下去的耐心和勇气，时间长了，自然而然就会有个疑问："为什么我们要学明白这些生涩难懂的科学知识？"

原因是，**我们要学会用化学的视角，以科学的态度来认识世界。** 否则我们会失去辨别真伪的能力，对世界认知产生偏差，容易被谣言所绑架。

例如之前在网络上流传着一个很火的帖子，很多人都受到了严重误导。帖子说：维生素C不能与海鲜同时吃，否则会中毒。原因是海鲜中含有正五价砷元素，人食用后不会中毒，但是如果与维生素C一起食用，维生素C具

柠檬中富含维生素C，海鲜中含有砷元素

有还原作用，会将5价砷转变成3价砷，3价砷类同砒霜，导致食物中毒。这个描述乍听上去很有道理啊，但这是真的吗？

其实海鲜中虽含有砷，但绝大部分以有机砷的形式存在，占90%以上，甚至能达到99%，而有机砷可以很快排出体外，几乎没有毒性。而无机砷只占砷含量的十分之一，如果要达到砷中毒的标准，必须一口气吃下5千克的海鲜。另外，维生素C和5价砷的化学反应很难进行，需要加入催化剂，而人体内没有催化剂，并且人体内维生素C和砷的浓度十分低，所以是根本不会发生化学反应的。

退一万步讲，即使在短时间内发生了砷中毒，人体也会促使肠道蠕动，进而引发腹泻，将毒素排出体外。所以，吃维生素C和海鲜发生砷中毒，是超级困难的挑战。

同学们，看到了吧？世界其实充满了困惑，只有具有了科学认知世界的能力，世界才会变得清晰，简单且充满趣味与色彩，也才有可能被我们改造得更加美好。

# 化学并不孤单

学会用化学的视角、科学的态度认识世界，并不意味着化学是万能的。

**科学是一个整体。**

自然科学是人类认知世界过程中所得到的系统理论和经验，我们把这些科学知识与理论人为地分成了几大部分，例如数学、物理、化学、生物等。其实这些学科之间都是相互联系的，你中有我，我中有你，并没有明确的界限。即使是化学，虽然人们已经对化学学科的研究内容进行了规定与阐述，但是在化学的研究中，依然大量存在着与其他学科之间的交互与沟通，甚至化学学科的众多重要分支都是与其他学科的过渡领域。

例如，在无法用显微镜来直接观测的情况下，利用数学和量子力学（物理学的重要分支）计算得到了不同化合物中电子云形状等一系列理论成果，逐渐诞生了**理论化学**；

从热力学原理（物理原理之一）则可以判断一个反应能否发生或者以相反的方向发生，逐渐形成了**物理化学**；

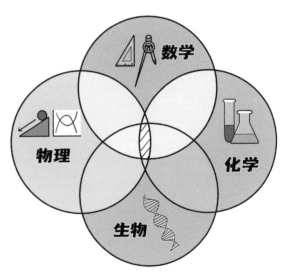

为什么砒霜具有极强的毒性，而氟元素和钒元素则可以提升人们牙齿的强度？为什么透明质酸分子会比其他的天然高分子具有更强的皮肤保水功能？从对这些"为什么"的一一解答中，逐渐诞生了**生物化学**。

人类社会发展的本质是生产力的发展，从石器时代、青铜时代到铁器时代，社会模式的更新进程实际上是被化学技术的掌握程度牢牢控制的，所以从化学的角度认识世界也可以帮助人类更加明白社会发展迭代的根本源动力。

> 所以化学并不孤单，科学并不分裂。知其然并知其所以然，这样，你就会发现这个世界有很多奇妙的联系，会让我们打开认知世界的另一扇窗户！